爱哭的人
其实很勇敢

小茶 著

机械工业出版社

本书探讨脆弱的力量和成长的勇气。作者用绘画的方式创造了"里小熊"和"焦头鹅"这两个可爱又温暖的形象，描绘了生活中因幸福、压力、离别或日常琐事而落泪的瞬间，打破了"哭泣等于软弱"的刻板印象，重新定义了眼泪的意义——真正的勇敢并非强忍泪水，而是在泪水中看见真实的自己。

书中短小、精悍的文字饱含细腻、真挚的情感，为习惯压抑情绪的大人指明了方向：接纳脆弱，建立良好的人际关系，用长期的视角看待挫折，学会在坚强与柔软之间找到属于自己的生活方式。

本书适合在深夜中独自消化压力，习惯用"我没事"应对生活的每一个人。

图书在版编目（CIP）数据

爱哭的人其实很勇敢 / 小茶著. -- 北京：机械工业出版社，2025.5（2025.9重印）. --ISBN 978-7-111-78448-7

I. B84-49

中国国家版本馆 CIP 数据核字第 2025V2J328 号

机械工业出版社（北京市百万庄大街22号　邮政编码100037）
策划编辑：胡晓阳　　　　　　　　　责任编辑：胡晓阳　彭　箫
责任校对：李荣青　马荣华　景　飞　责任印制：常天培
北京联兴盛业印刷股份有限公司印刷
2025 年 9 月第 1 版第 2 次印刷
130mm × 185mm · 6.875 印张 · 2 插页 · 65 千字
标准书号：ISBN 978-7-111-78448-7
定价：69.00元

电话服务　　　　　　　　网络服务
客服电话：010-88361066　　机　工　官　网：www.cmpbook.com
　　　　　010-88379833　　机　工　官　博：weibo.com/cmp1952
　　　　　010-68326294　　金　书　网：www.golden-book.com
封底无防伪标均为盗版　机工教育服务网：www.cmpedu.com

献给每一个在深夜中独自消化压力，习惯用"我没事"应对生活的大人

一直以来
哭好像都是不被允许的

哭也太丢人了

讨厌"泪失禁"体质

哭有什么用　　　　　爱哭就是没出息

天天就知道哭

胆小鬼才哭

所以一直以来
你都很要强
不想让别人担心
也不想让别人
看到你的悲伤

哪怕再难过，也要忍住不哭

但小熊想告诉你

爱哭的人
其实很勇敢

没关系的
偶尔想哭也没关系

感到幸福的时候可以哭

吃到难吃的食物可以哭

和好朋友分开可以哭

分手了可以哭

考试考砸了可以哭

工作压力太大可以哭

生活不如意可以哭

吵架难受的时候也可以哭

……

虽然哭不能
解决问题

但是
没有人是为了
解决问题才哭的

哭只是一种情绪表达
它可以及时冲刷我的悲伤

让我成为善良又勇敢的人
去穿越更高的山脉

不要讨厌自己的眼泪

在每一个灰暗的时刻，请放声哭泣吧

03 — 做一个随时会热泪盈眶的人

我的低成本快乐——
用心对待,才配得上友情常在
他们都在我人生最美好的记忆里
任何记录都是为了以后有迹可循
幸福就像晒太阳,只要用心去感受
谢谢我的朋友陪我一年又一年——

幸福的眼泪,是无声的感恩与回应

054 057 060 065 068 071

04 — 爱的升华是眼泪

爱是属于勇敢者的奖励
爱要多沟通,别在心里偷偷扣分
爱就是无止境的分享欲
没有天生就般配的两个人
任何付出,心甘情愿才有意义
我们会争吵,但也会和好
我不需要任何短暂的喜欢
不要去想象,要爱具体的人

眼泪是最小的河,爱是最坚固的桥

078 081 085 088 091 095 097 101

目录

01 — 在泪水中看见真实的自己

不要讨厌自己的眼泪 004
我到底是一个怎样的人呢 008
只有先爱自己,才能学会爱别人 013
你本来就很可爱,和有多少人爱你无关 016
精神内耗严重的人过来记十遍 019
这个世界我们只来一次 022
剩下的我们慢慢去努力

02 — 有时候哭泣是因为坚强太久了

我们都是流着泪向前走的人
回头望,轻舟已过万重山 030
永远不要失去发芽的勇气 034
困难都是想象出来的 038
压垮你的不是问题,是情绪 041
答案来自行动而非空想 044
人生总有一段路特别难走 047

番外 小熊日记 —————————————— 160

后记 愿我们在未来的世界里相遇 —————————————— 202

05 允许自己痛哭一场

在泪水中释怀,在天亮后说再见

- 体面地分开才是最好的告别 108
- 真正的放下是敢于直视对方的生活 112
- 被爱是一件很重要的事 115
- 被很好地爱着的人,内心不会皱巴巴 118
- 无法拥抱就好好说再见 121
- 放下错的过往,才能接纳对的人 124
- 一路走来这么坎坷,也该轮到你幸福了 127

06 在泪水中成长

真正的成长是在泪水中得到积淀的

- 没有哪种选择能为你的人生打包票 136
- 比较是夺走幸福的小偷 140
- 人的一生不能总在忙忙碌碌中度过 144
- 成为自己人生中的英雄,就是我们长大的意义 147
- 真正的安全感是自己给的 152
- 人生总有不期而遇的温暖 156

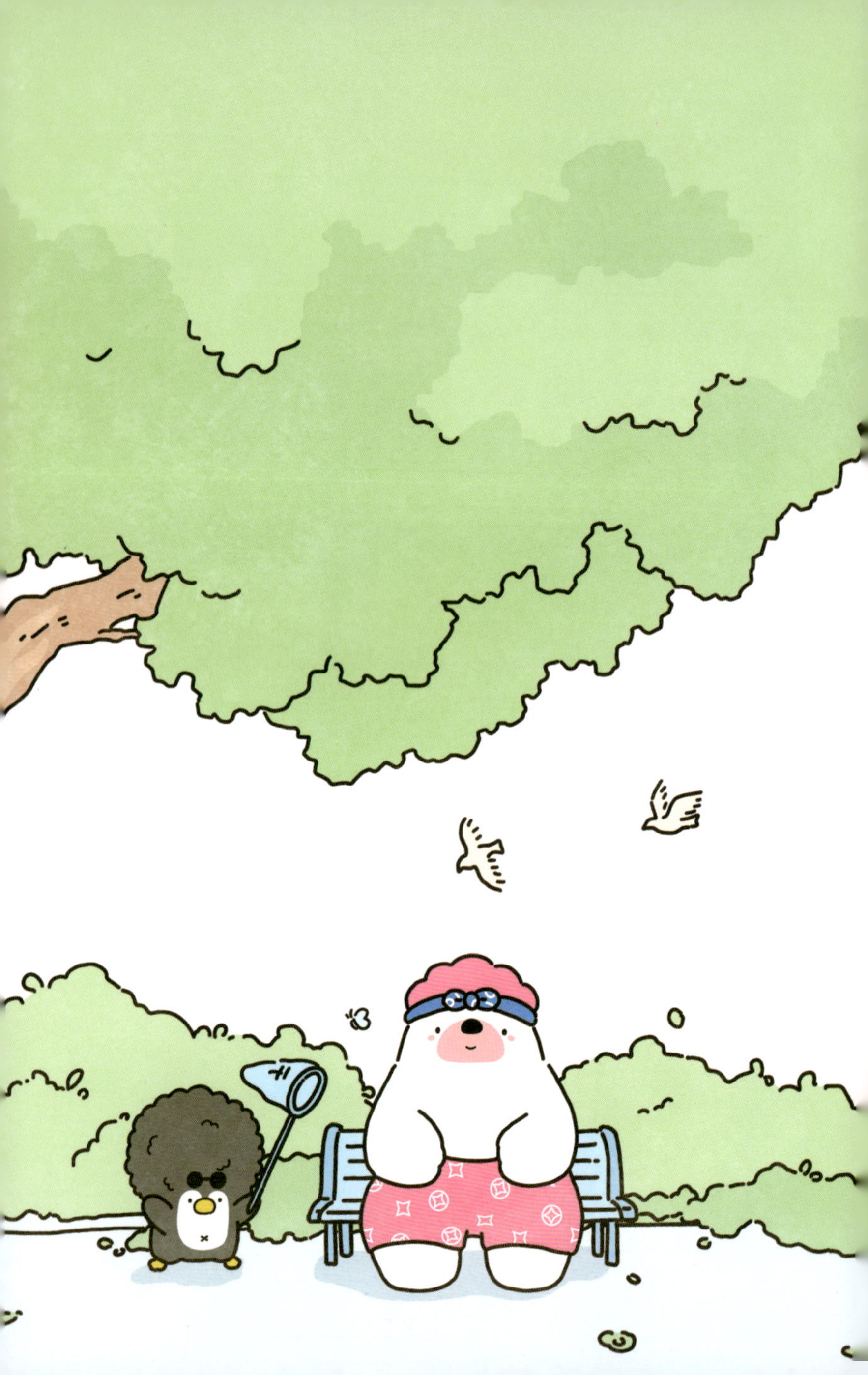

里小熊 Libear

性格：憨厚善良，敏感，共情力强
爱好：烘焙（但技术不行），捡垃圾进行手工改造
梦想：成为大画家，和星星一样温暖、闪闪发光

高敏感的小熊，总是能敏锐地捕捉到很多情绪，拥有丰富的内心世界，会因为过于感性而感到迷茫，但每次都能从生活中的小细节里找回自我。内心柔软，待人温和，是个很好的倾听者，能够包容一切。

焦头鹅 Joter

性格：自恋，表面傲娇、无厘头，实则细腻、绅士
爱好：网上冲浪，收集金币
梦想：成为脱口秀演员，或者什么都不用干的咸鱼

精神状态很好的焦头鹅，擅长平静地"发疯"，在某次炸毛后变成爆炸头，便一直保持这个发型。随性慵懒和幽默的风格让他拥有很多朋友，虽然经常天马行空，但关键时刻都很靠谱。

01
在泪水中看见真实的自己

好讨厌"泪失禁"体质,动不动就哭,感觉没一点儿用。

哭才不代表没用呢!

你看,云朵也会哭,它流下的眼泪可以滋养大地。

而我们的眼泪可以倒映自己的内心,浇灌心中的花朵
如果某天你不再哭泣,那不是因为你变强了,而是出于麻木。

我到底是一个怎样的人呢

我应该是一个坚强独立的人吧

因为我总擅长说"没关系，我可以"

但我又是一个脆弱敏感的人

因为我总会因为别人的话暗自神伤

我害怕孤独，但又喜欢独处

我时而天真乐观，时而消极悲观

我一直在告诉自己，要为自己而活

却又总是做不到不去在意别人

我就是这样一个矛盾体

但我会变得更好的，我想这也是肯定的

只有先爱自己，才能学会爱别人

亲情 友情 爱情

无论亲情、友情还是爱情

我都想要别人对我独一无二的爱

所以我用心地爱着别人的同时

也期待着他们温柔且有力地爱我

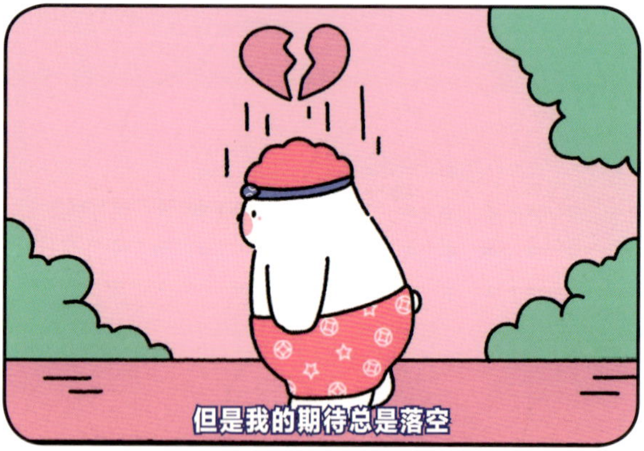
但是我的期待总是落空

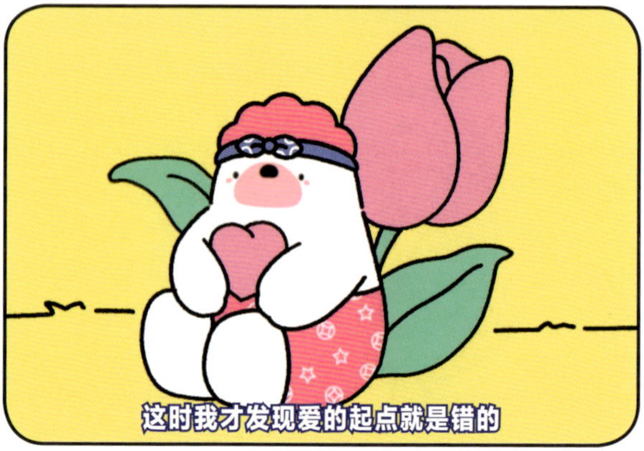
这时我才发现爱的起点就是错的

我总是把爱硬塞给了别人

唯独没有给自己

其实
爱自己才是一切美好的开始

当我们内心充满爱
才能更好地爱这个世界

你本来就很可爱，和有多少人爱你无关

总有人需要不断从外界获得反馈

才能确认自己是值得被爱的

其实你本来就很棒

你的价值从来都不依附于别人

对方的喜欢和你是否优秀没有关系

爱你的人自然爱你

你只需要成为你自己

我们都是自己世界里的主角哦

精神内耗严重的人过来记十遍

停止苛求完美、自我攻击

停止思虑过度、反复犹豫

停止过度共情、敏感多疑
放下助人情结,不再活在他人眼光里

记住没有任何一段关系、一件事或一个人值得你遍体鳞伤

情绪是你的自留地
不是别人的跑马场

在复杂的世界里
做一个简单快乐的人吧

这个世界我们只来一次

不要因为没有掌声而丢掉梦想

不要因为看不清前路而轻言放弃

你不是父母的续集、子女的前传、朋友的番外

你是你世界的主角

人生很短，不妨大胆生活

看喜欢的风景，做喜欢的事

我相信你生来就是高山，而非溪流

亲爱的，请勇敢而热烈地生活吧

剩下的我们慢慢去努力

想抱一抱你,想告诉你

我懂你的可爱和与众不同

理解你的敏感和小心翼翼

也知道你真的很努力

很多事你不必责怪自己

要多多关照自己的情绪，保重身体

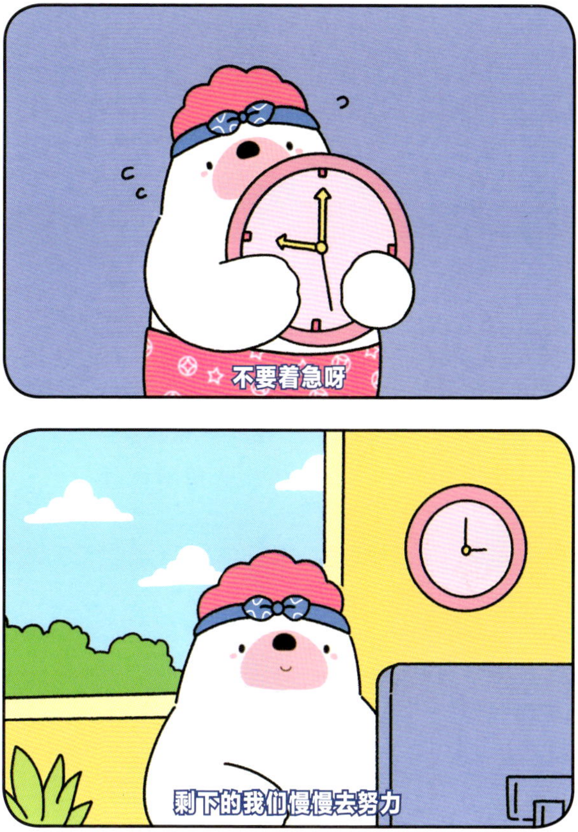
不要着急呀
剩下的我们慢慢去努力

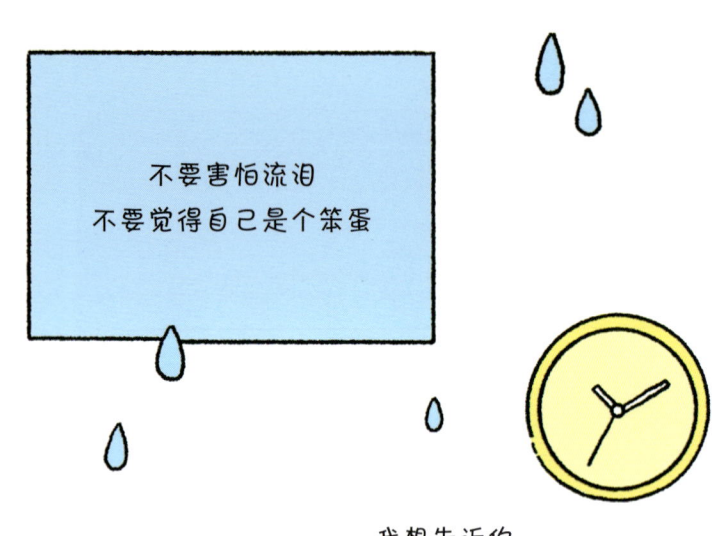

不要害怕流泪
不要觉得自己是个笨蛋

我想告诉你:
你永远值得被爱

不要讨厌
自己的眼泪

虽然哭解决不了问题,但哭泣可以帮助我们面对并接受自己最脆弱的一面。只有在面对痛苦与眼泪时,我们才能真正与自己对话,认识到内心的真实需求与情感。

学会承认与接纳自己的不完美,然后重新找回自信与力量。

02
有时候哭泣是因为坚强太久了

她好像哭了!

嘘,在路上哭泣的人,一定是忍不到家了。我们能做的安慰就是不去看她。

她只是需要哭出来而已。

回头望，轻舟已过万重山

曾经因为一次失败，觉得人生无望

现在正在擅长的领域闪闪发光

曾经在职场里崩溃大哭

如今可以在讲台上自信从容地发言

曾经分手后久久无法释怀

后来也找到了自己的幸福

我们每个人都会遭遇自己的至暗时刻

眼前的低谷可能只是生命里不起眼的波折

别太早定义自己的人生

勇敢地跨过去，你会发现无限可能

回头望，轻舟已过万重山

向前看，前路漫漫亦灿灿

永远不要失去发芽的勇气

人生不论走哪条路

都有可能摔倒很多次

我知道你的辛苦、你的努力

也知道那些艰难的时刻你是怎么度过的

放弃很容易，坚持却很难

我相信只要坚定地走完脚下的路

总有一天，你会站在最亮的地方

活成自己曾经渴望的模样

没有永恒的梅雨季，只有久违的艳阳天

我们永远不要失去发芽的勇气

困难都是想象出来的

很多事情其实并不像我们想象得那么困难

不过是害怕改变,担心事与愿违

所以不断地臆想更多的困难

让自己心安理得地接受当下的选择吧

我不行……　　好难！

万一……

困难都是自己想象出来的

要有勇气去选择自己的生活

当我们有勇气去做出选择和改变时

所谓的困难也就迎刃而解了

只要有一件事情没有做好

压垮你的不是问题，是情绪

我们就会陷入焦虑、自责的情绪当中

很多时候，压垮我们的
不是问题，是情绪

学会保持理智
告诉自己"没关系"

不被自己的情绪绑架
将注意力集中在解决问题上

将自己从内耗中解放出来
才是真正的善待自己

答案来自行动而非空想

谁都有过这样一段艰难混乱的经历

不清楚自己要做什么，喜欢什么

总是羡慕别人的自律和成功

焦虑自己没有按照自己想要的方式生活

不如大胆行动,去寻找自己喜欢的事情吧

不要浪费时间与拧巴的自己做思想斗争

敢想敢做，人生才无怨无悔

只有找到了内心的答案，才能摆脱自我折磨

人生总有一段路特别难走

我知道你很勇敢

但还是会做错事,爱错人

我也知道你很努力

但仍旧有工作的失意、学业的压力

生活有时候让你觉得无比辛苦

偶尔你也会有放弃的念头

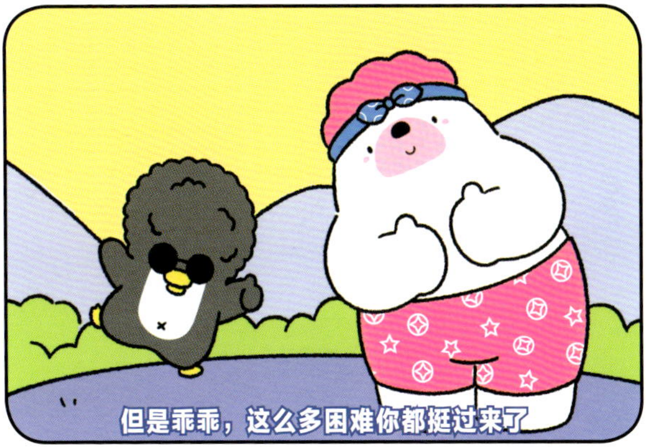
但是乖乖，这么多困难你都挺过来了

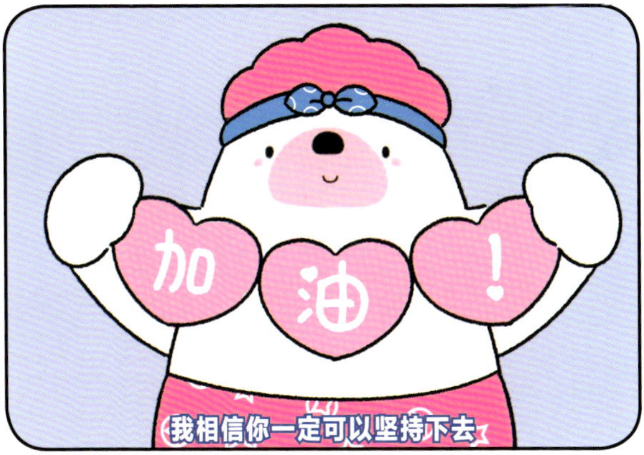
加油！
我相信你一定可以坚持下去

我们都是流着泪向前走的人

我们都是流着泪向前走的人

生活的艰难常常让我们无法喘息,痛苦和挑战似乎永远没有尽头。我们在沉默中咬紧牙关,努力把每一滴泪水埋藏在心底,但再怎么忍耐,也总有装不下的时候。

那就允许自己放声哭泣吧!让压在心底的情绪、被忽略的痛苦,在泪水中释放。只有定期发泄,生活才不会决堤。

03
做一个随时会热泪盈眶的人

> 生日快乐！你怎么哭了？

> 我太感动了！不知道怎么表达，眼泪就不自觉地流下来了。

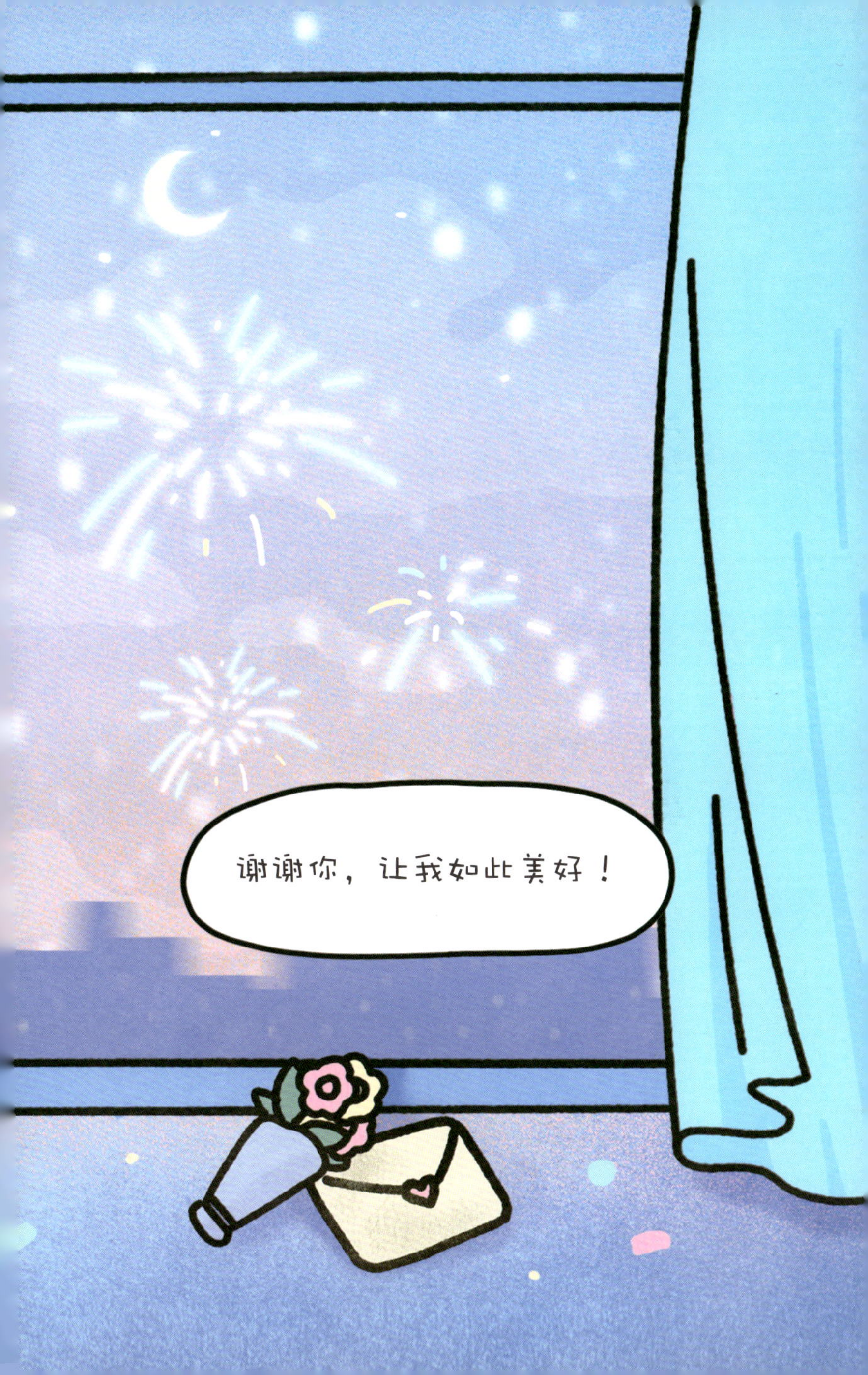
谢谢你，让我如此美好！

我的低成本快乐

下雨天，在被窝里看剧、睡觉

一边吃东西一边和好朋友分享碎碎念

手机里的音乐以及满格的电量

拍到好看的照片，发的动态收获夸赞

还有空调、奶茶、炸鸡、游戏

清晨的阳光和傍晚的落日……

正是这些低成本的快乐

让我有了热爱生活的动力

用心对待，才配得上友情常在

真正的朋友绝不会没有分寸地开玩笑

当众戳痛点，翻黑历史

打着"很熟"的幌子，肆无忌惮地伤害朋友

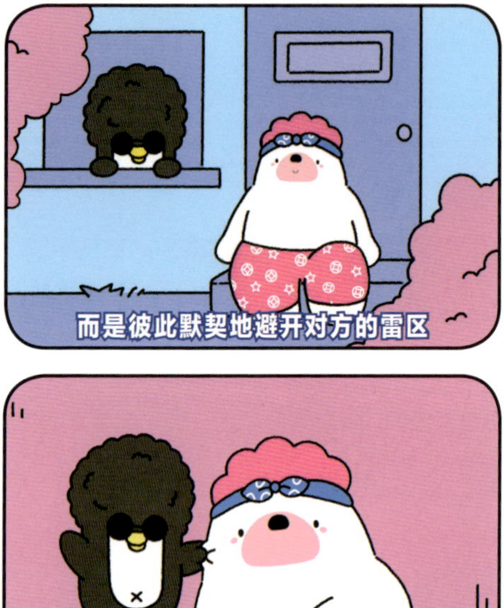
而是彼此默契地避开对方的雷区
表面上口无遮拦、大大咧咧
内心里却在小心翼翼地保护着对方

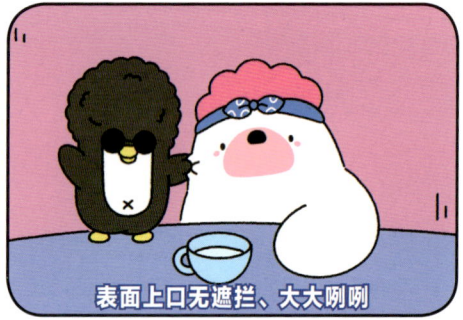

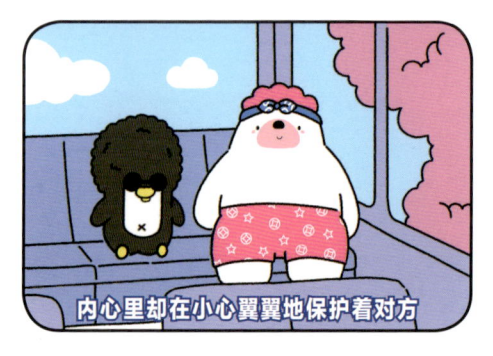

那些令你感到受伤的都不是真正的朋友

用心对待，才配得上友情常在

他们都在我人生最美好的记忆里

我曾为一段友情的日渐疏远感到难过

为什么和曾经分享心事、亲密无间的朋友

没有任何争吵，也会慢慢没有了交集

其实任何关系都是阶段性的、流动的

阶段性的友谊就像一场限时展览，终会落幕

我们要做的就是把握当下，沉浸其中

遇见和自己频率相近的人，欢笑过，痛快过

我们一起走过某段重要时光，就足够好了

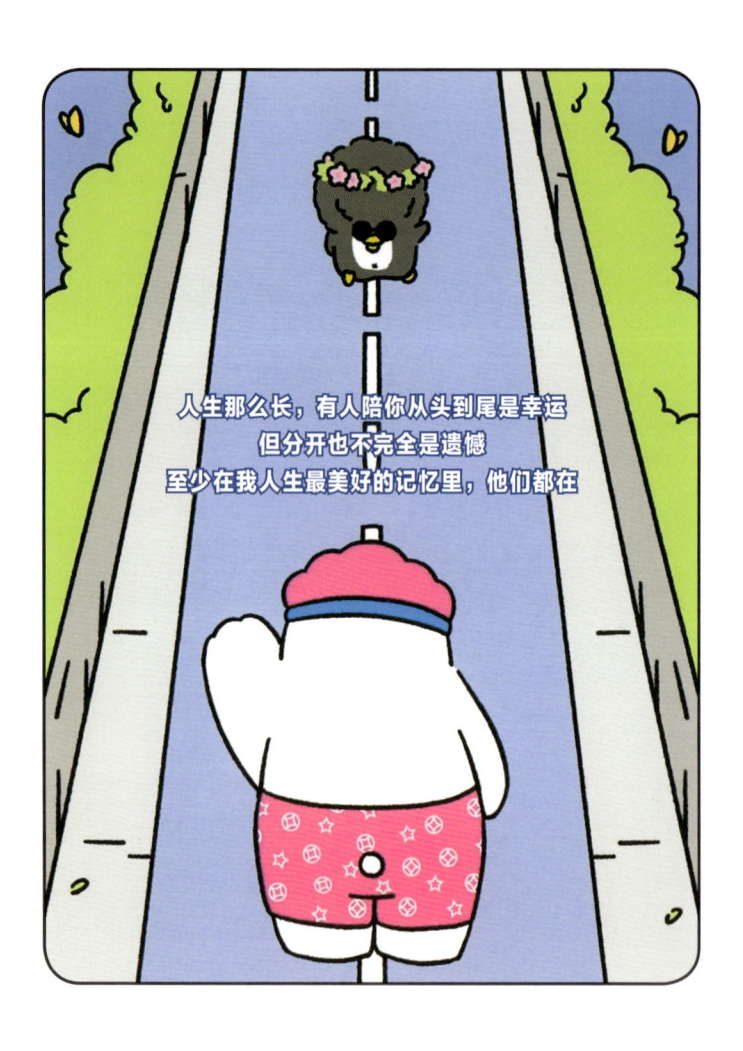

人生那么长，有人陪你从头到尾是幸运
但分开也不完全是遗憾
至少在我人生最美好的记忆里，他们都在

任何记录都是为了以后有迹可循

记录的意义不在于当下，在于回忆

让我们有机会看到过去的自己

同时也证明我们体会过的爱、认识的人

身上发生的一切都是真实存在过的

记录我们在平凡的人生中

曾有过闪闪发光的时刻

会让我们在某个崩溃的瞬间

被回忆治愈，度过艰难的时光

幸福就像晒太阳，只要用心去感受

每天吃饭睡觉、上学上班
并不会让人觉得幸福

可是经历了疫情、病痛和失去后

才发现以前的生活
就是幸福

我们总是不能及时感知
已经拥有的东西

直到失去，才后知后觉

幸福就像晒太阳，只要用心去感受
就能明白，其实
它一直都存在于我们的生命里

当我们学会欣赏平淡生活里的小确幸
也就拥有了最简单的幸福

谢谢我的朋友陪我一年又一年

我的青春里有数不清的后悔和不开心

但幸运的是,我遇到了我最好的朋友

闺密
最近有点儿不开心
我来找你

琐碎的小事都有回应

各自忙碌，彼此挂念

他见证了我的悲伤与幸福

给了我数不清的温柔与偏爱

在我需要的时候如超级英雄般降临

把我从悲伤孤独中拉扯出来

人生

即使以后我们将奔向各自的生活

我也真心感谢那段被友情守护的时光

那些温暖的记忆

将成为我面对未来最好的盔甲

幸福的眼泪，
是无声的感恩
与回应

无论是朋友的陪伴、生活的美好，还是自己努力后获得的成就，都是值得用泪水铭记的瞬间。

这种眼泪充满力量，能让我们在困境中，依然保持温暖的心态，在面对人生的挑战时，依然充满希望。

04
爱的升华是眼泪

真正爱一个人的时候，其实会更容易哭。

为什么？

因为太爱了，总是会产生很多情绪。误解、不安会让两颗心产生摩擦。真实的泪水是情感的润滑剂，让我们变得柔软，更好地沟通和理解。

我们都在哭泣中，学会更好地爱与被爱。

爱是属于勇敢者的奖励

做一个勇敢、真诚又闪闪发光的人吧

没有套路和谎话,没有口是心非

没有拧巴的自尊,不计较谁先低头

喜欢、开心、生气、难过都可以坦承

其实那天下雨,我很想你来接我的

你和那个女生聊得好开心,我有点儿不爽

有勇气和自信去面对任何一种结果

我永远渴望那扑面而来的爱意

我会永远用心迎接那带着真诚向我走来的人

敞开心扉，用真心去换真心！

吵架是不会把相爱的人吵散的

爱要多沟通,别在心里偷偷扣分

击败感情的
从来不是问题本身

而是误会、冷战
和冲动时的恶语相向

脾气上来的那一刻
我们都忘了彼此有多重要

情绪化的表达解决不了任何问题

这个世界上没有一帆风顺的感情

好的沟通每一次都是滋养
坏的沟通每一句都是伤害

爱情不争对错

有效沟通永远是最好的答案

爱就是无止境的分享欲

我想要的分享不是无聊的汇报

在干吗呀?
在吃饭
……

不是干巴巴打卡式的回复

宝宝

这朵云好像你呀,哈哈

而是遇到有趣的事儿时都能想到我

今天的猪脚饭好好吃呀

看着就好香

什么时候带我尝尝？

而我也会给予热气腾腾的真诚回应

我们一起互换生活中的喜怒哀乐

用来抵抗那些见不到面的日子

爱就是无止境的分享欲

我把琐碎的生活和多变的心情分享给你
就是在告诉你，我是真的很爱你

没有天生就般配的两个人

这个世界上没有天生就般配的两个人

只不过一个懂得迁就和包容

另一个懂得适可而止

所有能走在一起的两个人

其实都是在爱着彼此的长处

包容着彼此的不足

你让我心动，我让你心安

我知你冷暖，你懂我悲欢

任何付出，心甘情愿才有意义

我讨厌有人为我牺牲，为我放弃

我愿意为你，放弃我姓名

打着为我好的旗号来爱我

太过沉重的付出会变成负担

不要给自己以及任何人套上爱的枷锁

只有先学会爱自己

才真正懂得怎么去爱别人

任何关系里的付出

只有心甘情愿才有意义

不用妥协，不用牺牲

爱本该是一场你情我愿的双向奔赴

爱从来都不会是一帆风顺的
即便相爱也会争吵，也会没有安全感

我们会争吵，但也会和好

但缺点可以改
习惯可以适应

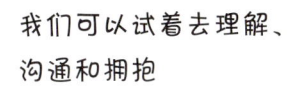

我们可以试着去理解、
沟通和拥抱

而不是一冲动
就互相伤害

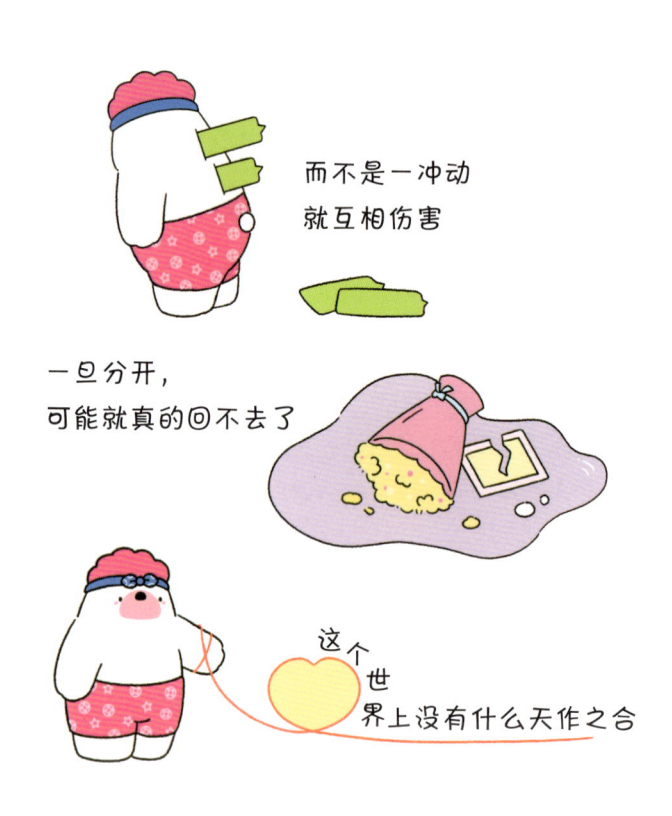

一旦分开，
可能就真的回不去了

这个世界上没有什么天作之合

所有的幸福美满
都是两个人共同努力的结果

我不需要任何短暂的喜欢

以前一直以为喜欢就好

开心就够了

后来才明白，三观契合，彼此成就

情绪稳定，才是最重要的

如果这一生我们注定要平凡而快乐地度过

那希望我们都能找到一个灵魂高度契合的人

在漫长无聊的岁月里让你欣喜

仅仅是陪在你身边就能让你感觉到浪漫

不要去想象，要爱具体的人

不要在想象的爱里待得太久

想象对方能完美地理解你、爱你

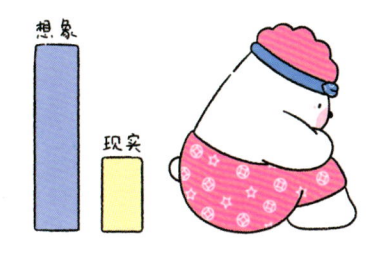

一旦对方偏离你的想象，你就会产生落差感

无法好好地感受爱

其实任何情感
都需要磨合

我们要学会感受当下
去爱身边具体的人

爱这个鲜活的、有闪光点
但也存在缺点,有快乐也有痛苦的人

因为真正的幸福
不在完美无缺的关系里
而在那些眼泪与欢乐交织的瞬间

眼泪是最小的河，爱是最坚固的桥

　　爱情不仅仅是欢笑和美好的瞬间，还有哭泣与风雨，也包含着理解、包容和忍受。眼泪是最小的河，它流过悲伤，也见证过幸福。在爱里流下的眼泪，让我们学会了如何更加珍惜，更加懂得爱的真正含义。

　　无论经历多少风风雨雨，爱依然可以是一座坚固的桥，始终架在我们的心河之上，联结彼此。

05
允许自己痛哭一场

> 好难受啊,我该怎么做呢?

> 你需要大哭一场。

> 可是我怕哭了会更痛,会更加不舍。

不会的，哭出来不是痛苦的延续，而是解脱的开始。你流的每一滴泪，都是对过去的一次告别，所有的遗憾与伤痛都能随风而去。

"那就大哭一场，然后彻底放下"

体面地分开才是最好的告别

> 我不会因为我们的分开而否定我们的过往

> 否定你曾对我付出的真诚爱意

只是时常在想,到底是哪步走错了

才让我们走到了如今这个结局

体面地分开确实更让人遗憾和不舍

但这才是最好的告别

不再相爱的人终究无法同行

痛哭过后,我们就要重新出发了

真正的放下是敢于直视对方的生活

&&*%@~~

真正的放下不是拉黑、删好友,不是见人就吐槽

而是承认自己偶尔也会想起对方

承认自己对这个人还有期待和思念

也坦然接受自己不被爱和爱错人的事实

有勇气成为别人的过去,并且不再回头

永远都记得要爱自己胜过爱任何人

真正的放下不是不再关注对方的生活
而是能够毫无波澜地直视对方的生活

被爱是一件很重要的事

总是太缺乏安全感了

喜欢一个人的时候情绪很不稳定

总会产生"我不重要"

"没有人真正在意我"的想法

所以我希望那些真正在意我的人

要多多表达对我的爱意

唯一能让我们感到安慰和鼓起勇气的原因
就是知道有人在爱着我

被很好地爱着的人，内心不会皱巴巴

好的朋友和爱人都是礼物

他们给了我足够多的爱意和真诚

让我在很多时刻，都得到了救赎

因为人在确定自己被爱着的时候

内心会变得柔软，变得松弛

是他们，让我体会到幸福和快乐

偶尔听到你爱听的歌

无法拥抱就好好说再见

看到和你相似的背影
还是会愣住

分开很难过,但在一起又不快乐
终于明白有些关系除了再见别无选择

释怀是需要时间的
不用逼着自己去忘记

可以难过，可以大哭一场

只是不再期待与回头

那些我们以为这辈子都忘不了的人

总会在风和日丽的某一天消失在我们的记忆里

放下错的过往，才能接纳对的人

拉黑删除并不能让人彻底结束一段感情

让人难熬的是忍住每一个想找对方的念头

时间好像只会冲淡分开的怨恨

留下好的记忆，在回忆里不断美化

但不要试图寻找对方也放不下你的证据

不甘心、放不下的只有你

越是难熬的日子里,越要挺过去

有些人的离开
是提醒你要好好爱自己

一路走来这么坎坷，也该轮到你幸福了

无数个瞬间你都安慰自己，一个人挺好的

但我明白，你只是嘴上说着无所谓

却还是会躲在门缝里偷看幸福

看到别人被爱，鼻子也会发酸

说了那么多不想恋爱的理由

其实只是觉得这辈子很难遇到真心爱你的人了

我想抱抱你，想告诉你不要难过
不要放弃，不要怀疑

一路走来这么坎坷

这次，也该轮到你幸福了

你那么爱哭

下一次流泪

一定是因为幸福

在泪水中释怀，
在天亮后说再见

哭泣是对过去伤痛的告别，也是未来幸福的源泉。让眼泪流淌，释放内心的伤痛，哭泣过后是释怀。我们逐渐有了接受悲伤的勇气，有了带着伤痛走下去的勇气。

有时候，最勇敢的事就是，允许自己痛哭一场。真正敢于流泪的人，才有勇气拥抱明天的太阳。

06
在泪水中成长

眼神总是灰蒙蒙的,有点儿想哭。

想哭就哭吧,有时候哭完眼前就明亮了。

可只有小孩子才会肆无忌惮地哭，大人总是假装不会掉眼泪。

大人也有哭泣的权利。
成长那么痛，偶尔想哭也没关系。

没有哪种选择能为你的人生打包票

不要花大把的精力和时间

去纠结什么选择是最好的

想考研就去考研，想工作就去工作

有想法就大胆去尝试，没人知道结果怎样

与其迷茫、焦虑、纠结

不如踏踏实实地走自己想走的路

该交的学费都交了，该懂的道理都懂了

以后才能从容不迫地过上自己想要的生活

比较是夺走幸福的小偷

我们习惯性地将幸福建立在比较上

读书的时候比成绩

立业之后比业绩

比经济,比恋爱,比婚姻

一旦存在比较
就会有心理落差

所以没办法安心享受
眼前的幸福

但幸福是一种体会
不是一件物品

在人生的长跑中

每个人的起点、赛道都不同

又何必非要执着地比个高低

我们能做的就是
学会知足，不去比较

珍惜眼前的幸福
为自己好好地生活

人的一生不能总在忙忙碌碌中度过

允许自己虚度时光，接受自己不是超人

该努力时努力，该休息时休息

太过用力反而适得其反

能让人坚持的是恰到好处的喜欢和投入

人的一生不能总在忙忙碌碌中度过

需要浪费一些时间去抚平焦虑

自由一点儿吧,去创造快乐的时光

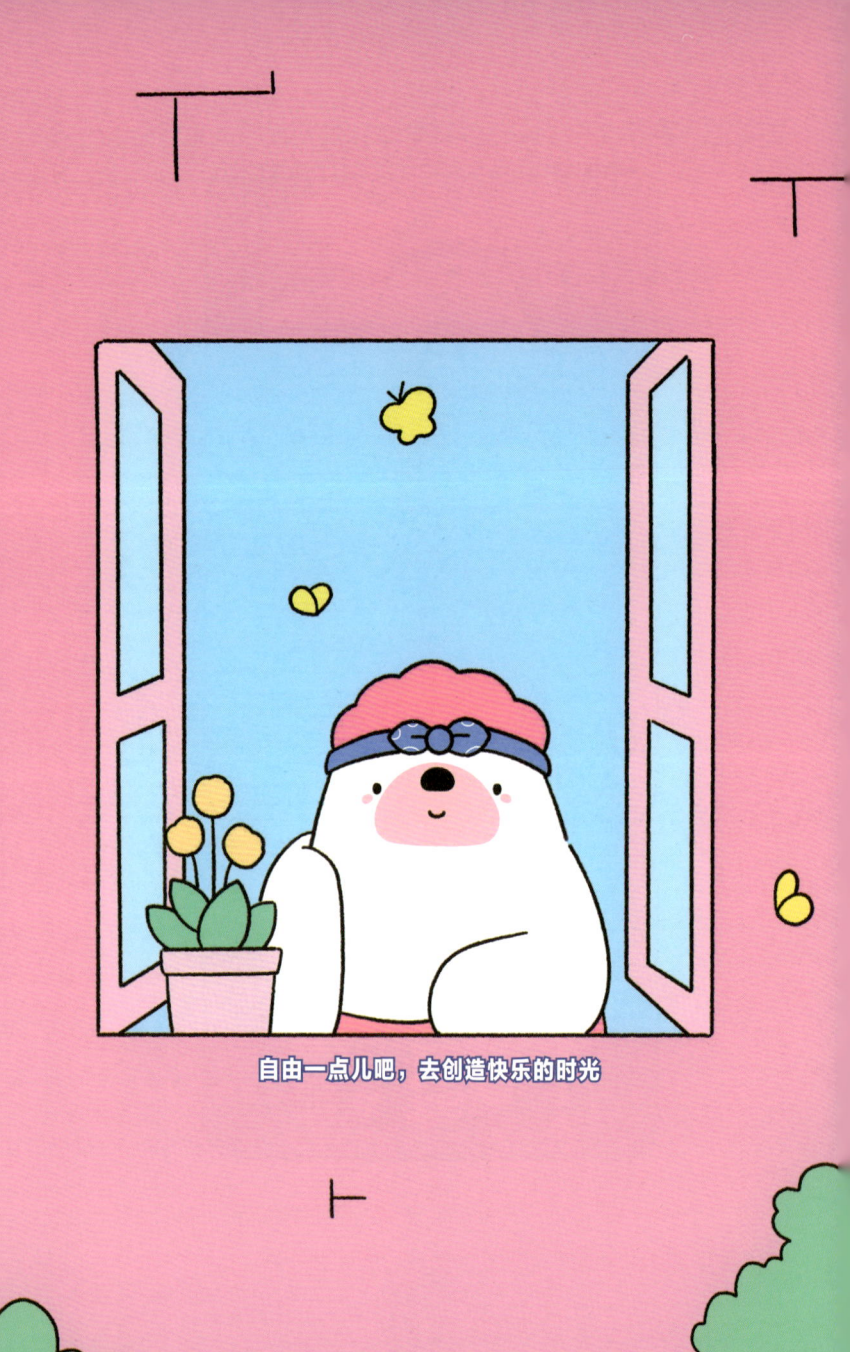

> 成为自己人生中的英雄，就是我们长大的意义

"爸妈没什么钱，你要听话，用功读书。"

可能从小就被教育要懂事、听话

"我不需要" "我没事"

慢慢学会了克制自己的需求和情绪

这么大了，还玩玩具，快放回去！

舍不得买想吃的零食和想要的东西

学画画，将来不好找工作，要学理科。

也很难去做自己感兴趣的事

长大后，开始热衷于实现小时候的愿望

原来肯德基也没有那么贵

OOTD

原来我也可以拥有很多漂亮的衣服

原来我也可以大方地满足自己的需求

我用力修补那些
深埋在童年里的自卑与难过

成为自己人生中的英雄
这就是我们长大的意义吧

真正的安全感是自己给的

原以为安全感来自爱的人迅速回复的信息

是他人的一份承诺和温柔的言行

但慢慢发现一个人最大的安全感

从来不必寄托在别人身上

而是自己给予自己的

它源于内心的强大和自信的积累

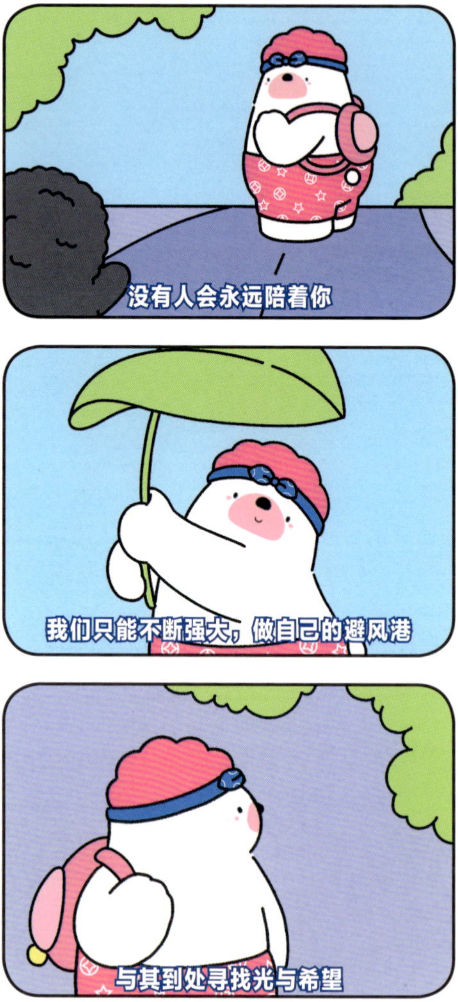
没有人会永远陪着你
我们只能不断强大，做自己的避风港
与其到处寻找光与希望

不如学会让自己发光

人生总有不期而遇的温暖

我们总会遇到形形色色的人

遇到错的人就当是摔了一跤

摔疼了就爬起来继续走

日子是向前走的，不要执着于停在原地

不要过度期待周围人的回应和鼓励

也不要因为低沉去乞求他人的理解

做一个温柔自信而独立的人

人生总会有不期而遇的温暖
和生生不息的希望

真正的成长
是在泪水中得到积淀的

　　成长总是伴随着迷茫和痛苦,每一次哭泣都是一次蜕变的洗礼,可以带来清晰和觉醒,让我们在困境中看到成长的机会。那些曾经让你焦虑、困扰的事情,似乎变得更有方向;那些积压在心中的不安,突然间变得可以面对。

　　当泪水退去你会发现,内心比以前更加清晰,更加坚定。

番外

小熊日记

普通的我

想画画
虽然画得一般

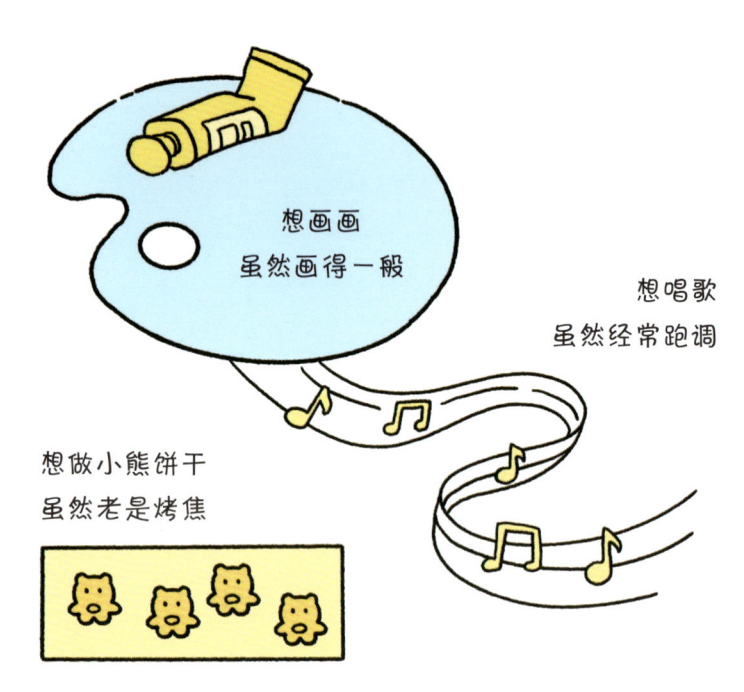

想唱歌
虽然经常跑调

想做小熊饼干
虽然老是烤焦

想成为独立、成熟的大人
虽然还是经常会犯错
也爱哭鼻子

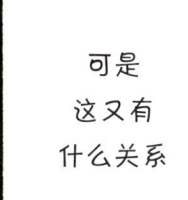

可是
这又有
什么关系

只要我想，我就可以去做

世界那么大
总需要一些普通人的存在吧

找自己

我们这一生
　寻找的
　不过是自己喜欢的生活
　　和想成为的人

不要急着寻找答案
不必在意
世俗的眼光
尽情自由地探索吧
道路虽曲折但也一定会带来收获

在成为自己的路上
每一步都值得

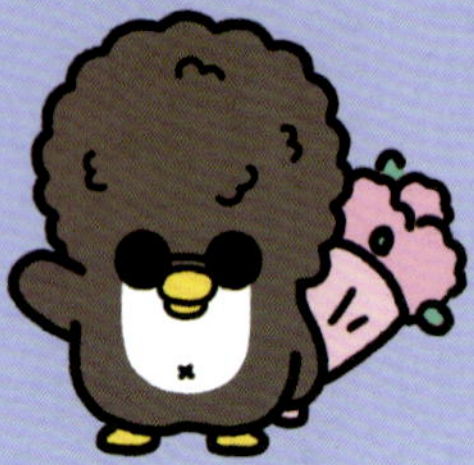

致我的
　　好朋友

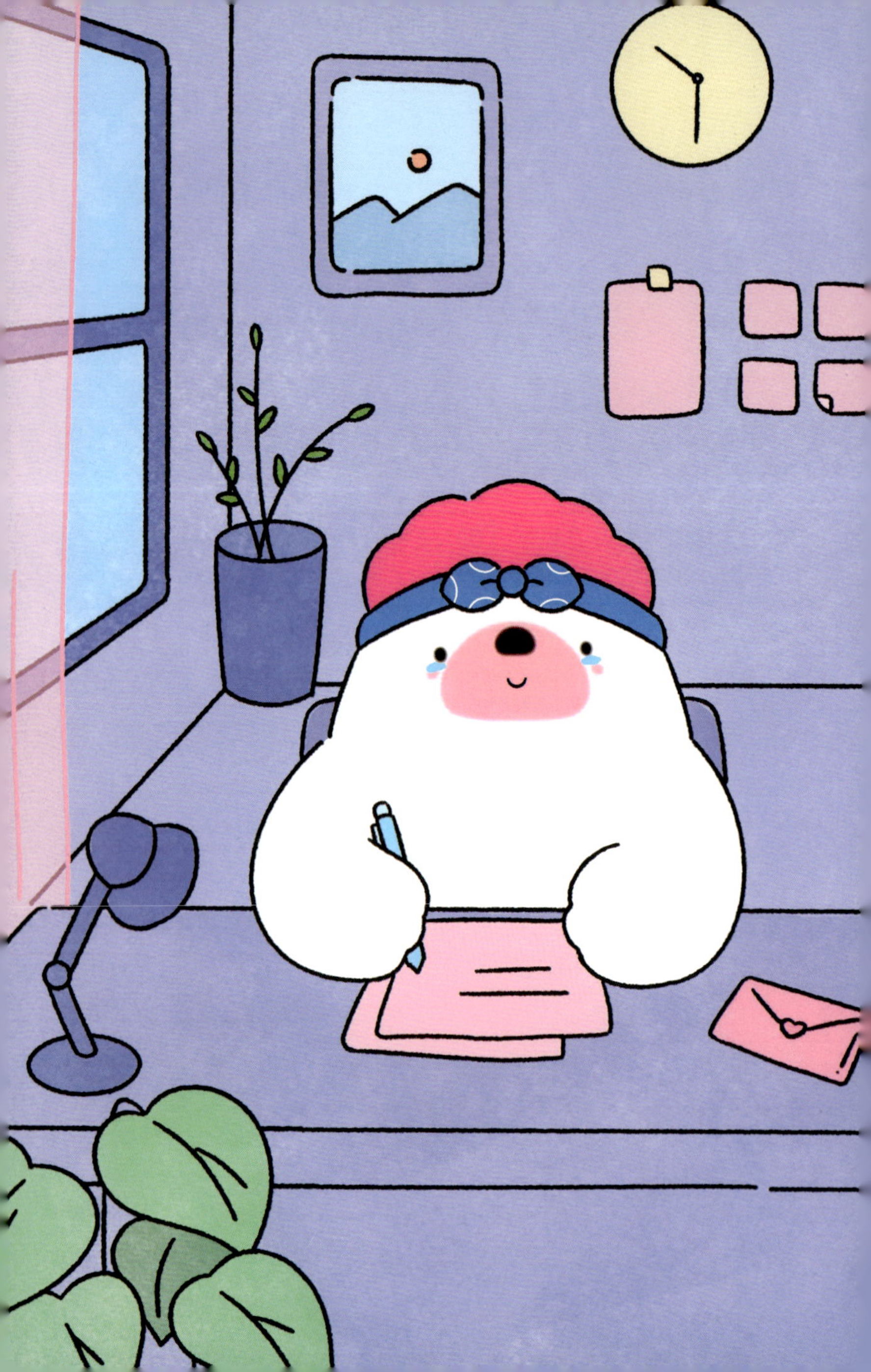

我的好朋友，

我比世界更了解你的不容易，

如果看到你幸福，

我想我一定会比你先落泪。

关于
离别

一开始

我们总是不愿意承认

那个人已经从你的世界离开了

要独自
走过很长的路

听过很多歌

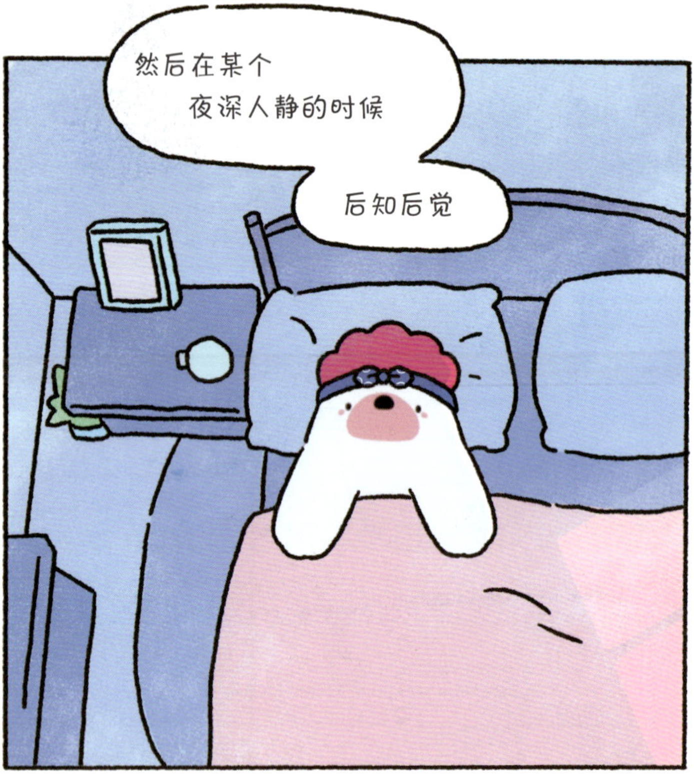
然后在某个
夜深人静的时候
后知后觉

原来已经失去很久了……

遗憾吧

其实我早就知道我们不会走到最后

但还是忍不住想要
　　拖延一下散场的时间

总想着万一
　　就顺路了呢

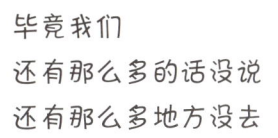

毕竟我们
还有那么多的话没说
还有那么多地方没去

我想只有尽力过后

那些遗憾才会释怀吧!

没事的

看手机没事
睡到大中午也没事

懒惰不想上班很正常

除了父母只爱自己
　　也没错

生命完完全全是属于自己的

我能站到的人生高度
　　其实早已经达到了

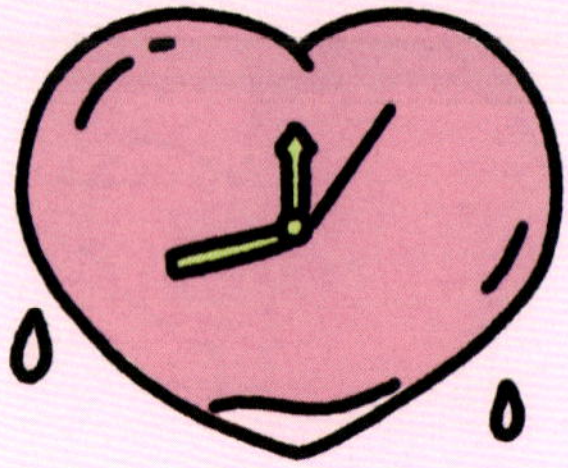

再坚持
　　一下吧

日子不是突然
就好起来的

就像生病一样，
我一颗颗寻找着治愈的药

日落　　　海边　　　音乐

是我经历过无数个彻夜难眠的夜晚
一遍一遍对自己说着"会好的"
才坚持到变好的

我被
治愈啦

如果某一天

你突然觉得清晨的第一缕阳光很治愈

看着
蓝天白云、
街边的花草
都觉得放松

连叽叽喳喳的小鸟
你都觉得可爱

散步时都不自觉地
　　哼起欢快的歌

注意！
其实不是世界变好了
而是你慢慢变好了

快乐
就好

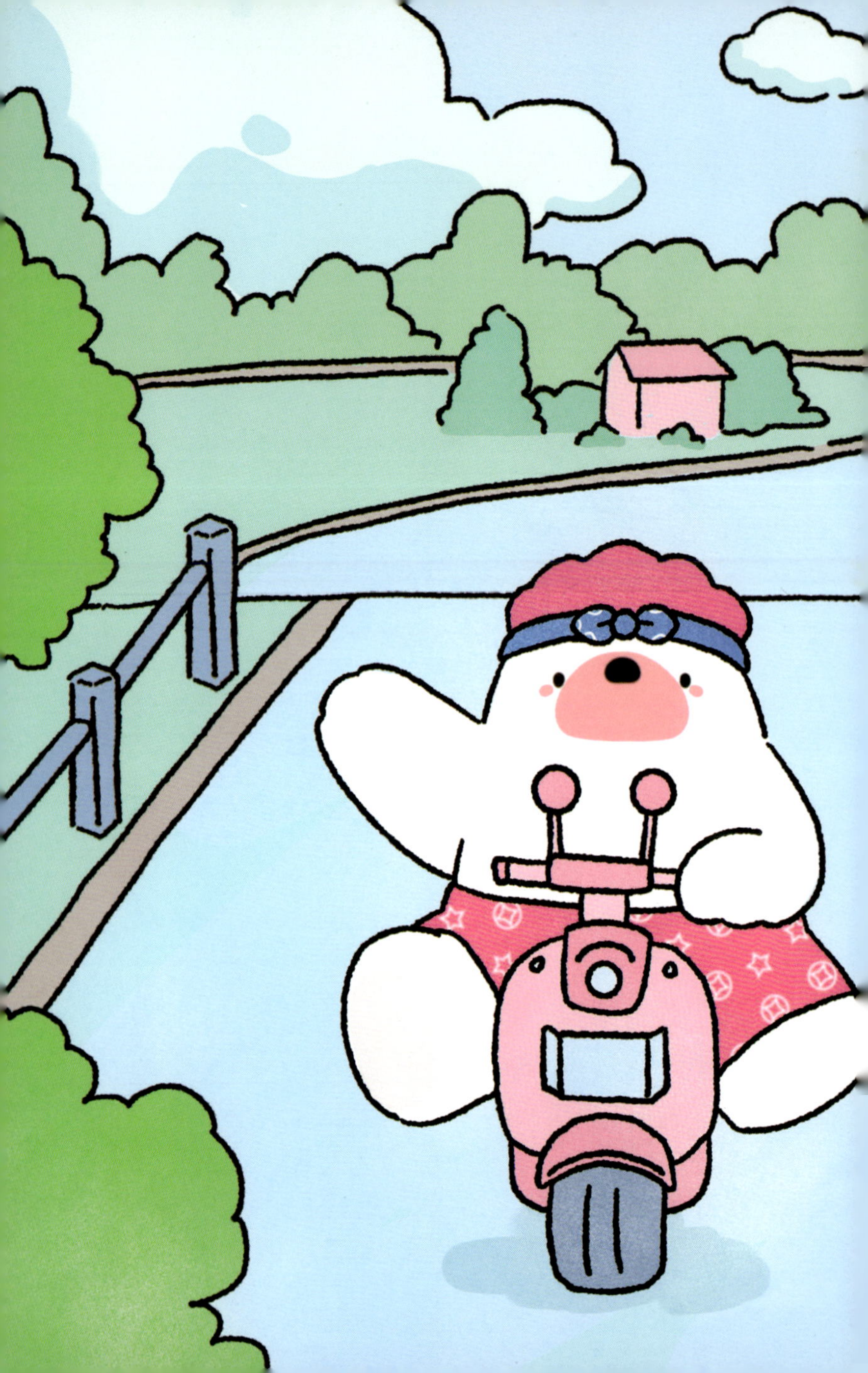

18岁的时候
我高喊：未来可期

22岁的时候我会说：
我要做个不动声色的大人

而现在我25岁
我告诉自己，只要快乐就好

我会永远
支持你

希望你能在每一件微小的
事物上寻找快乐

希望你能
发自真心地
爱自己

希望你真诚、坚强、勇敢、自由地生活
希望你的未来能闪闪发光
更希望你真心快乐

请尽情奔向你的星空
我会永远支持你

后记
愿我们在未来的世界里相遇

编辑老师说可以写一点儿后记，思来想去还是不知道怎么提笔。我以为会有很多话要说，但想想其实我只不过是在某天画下了一只熊和一只企鹅，然后走上了一条偏离导航的路，最后来到了你的眼前。

其实创作时多少都会带入一些自己的经历和感受，而喜欢焦头鹅和里小熊的朋友，相信我们也在某种程度上同频共振：童年的灰暗、青春期的自卑、长大的遗憾、成长的压力……

　　我用漫画记录我曾经历过的灰暗时刻，在创作的同时和过去的自己告别，也决心不让别人像自己这般难过。哪怕我知道"一切都会好起来的"只是一句安慰的话，我也始终相信：持续的努力一定会带来好运！那些用热爱浇灌的理想最终会在现实的土壤里生根发芽。

🐾 过去的我可能一直被困在遗憾中，但至少我希望你不会。

经常会在后台收到很多留言。有个粉丝与我分享她第二次考教师资格证考过了的消息,她说感谢在第一次落榜时,看到了我的漫画,才支撑她度过了那段难熬的时光。说实话我想不起哪篇漫画让她升腾出了勇气,那条回复她的评论我也早已忘记,但她记得,我想这便是创作的意义吧。

不过我更想说的是,
文字和语言是很难改变一个人的,
真正能治愈你的是你自己。

感谢那些陪伴过小熊的每一位饲养员：蓝蓝、芽芽、志鹏……你们让焦头鹅和里小熊的故事变得更加生动和美好，曾经的每一个瞬间都是我们的独特记忆！

也感谢每一个为焦头鹅和里小熊停下脚步的人。治愈是相互的，回想创作的这段时光，有过迷茫和不自信，也曾时不时陷入情绪的黑洞。是每一位读者朋友默默地陪伴和支持，支撑着我走了很长一段路。不知如何诉说内心的感谢，只能用更加真诚的漫画作为回馈。希望这本漫画书能够成为你们回忆中的一部分，给你们带来更多的快乐和启发，让你们变得更勇敢。

愿我们在未来的世界里继续相遇。

看到这里，我的故事也讲完了。
去过你想过的生活吧，祝你幸福。

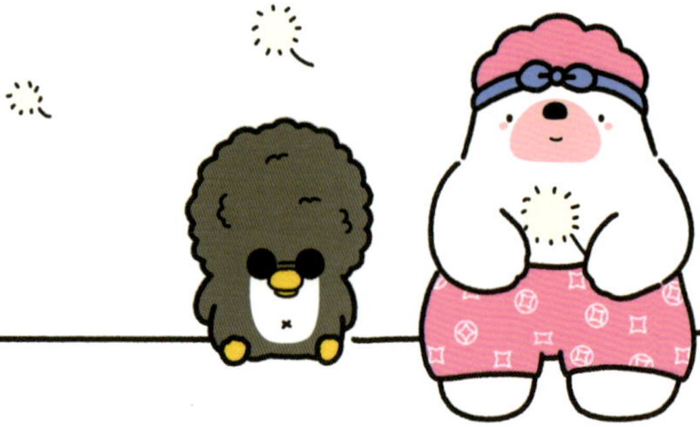